Henri Blerzy

Les Chemins de fer vicinaux

Étude

 Le code de la propriété intellectuelle du 1er juillet 1992 interdit en effet expressément la photocopie à usage collectif sans autorisation des ayants droit. Or, cette pratique s'est généralisée dans les établissements d'enseignement supérieur, provoquant une baisse brutale des achats de livres et de revues, au point que la possibilité même pour les auteurs de créer des œuvres nouvelles et de les faire éditer correctement est aujourd'hui menacée. En application de la loi du 11 mars 1957, il est interdit de reproduire intégralement ou partiellement le présent ouvrage, sur quelque support que ce soit, sans autorisation de l'Éditeur ou du Centre Français d'Exploitation du Droit de Copie , 20, rue Grands Augustins, 75006 Paris.

ISBN : 978-1976540899

10 9 8 7 6 5 4 3 2 1

Henri Blerzy

Les Chemins de fer vicinaux

Étude

Table de Matières

Introduction	6
Section I	7
Section II	16
Section III	24

Introduction

On s'accorde à reconnaître que les voies de communication sont ce qu'il y a de plus important pour une contrée où le commerce et l'industrie ont acquis quelque activité. De là le grand intérêt qu'elles inspirent en notre pays et les sacrifices que les populations s'imposent volontiers pour les étendre. On reconnaît encore que de toutes les voies qui servent aux transports, routes, canaux, railways, ce sont ces derniers qui présentent les avantages les plus réels. Les chemins de fer, en effet, comportent pour les voyageurs une vitesse supérieure ; pour les marchandises, ils abaissent le coût du transport au tiers du tarif des routes de terre ; enfin les canaux ne leur sont préférables que pour les matières lourdes et encombrantes de certaines grandes industries ; Par malheur le prix d'établissement d'une voie ferrée serait toujours prodigieusement élevé, si l'on n'en jugeait que d'après le prix de revient kilométrique des grandes lignes qui ont été construites depuis vingt-cinq ans ; mais on a pensé qu'en certaines localités du moins la dépense première de construction pourrait être réduite à un taux bien moindre, grâce à de sages tolérances dans le tracé et l'exécution des travaux. On a imaginé de plus qu'il serait moins difficile de réunir les fonds nécessaires, si considérable que la dépense fût encore, en faisant appel au concours simultané de tous les intéressés ; enfin on a jugé que le réseau ferré, au lieu de ne desservir que des grandes lignes où le trafic local s'efface presque en comparaison du transit, pénétrerait grâce à de nouvelles combinaisons économiques jusque dans les contrées qui ne peuvent l'alimenter que par leurs ressources propres. De là est venue l'idée d'assimiler, au point de vue légal et administratif, les chemins de fer dont il s'agit aux chemins vicinaux et de leur appliquer le bénéfice de la loi du 21 mai 1836, qui a donné aux départements et aux communes de puissants moyens d'exécuter des travaux de ce genre. Il est peut-être à propos de rappeler d'abord les dispositions principales de cette loi et les résultats qui en sont sortis.

Henri Blerzy

Section I

Au commencement de ce siècle, les chemins vicinaux n'existaient guère qu'à l'état de sol naturel, sauf peut-être quelques portions qui accédaient aux châteaux de riches propriétaires. Aucune ressource fixe ne leur était attribuée. Les travaux d'entretien étaient nuls, à moins que l'on ne veuille compter à ce titre l'obligation imposée aux paysans, en certains pays, de labourer en travers les chemins contigus à leurs champs afin de combler les ornières. Lors même que la paix fut rétablie en Europe et que le besoin de bonnes voies de communication devint plus pressant, les communes se trouvèrent hors d'état de créer leur vicinalité, ou bien, si quelqu'une d'entre elles était disposée à y consacrer des ressources extraordinaires, elle se trouvait paralysée par l'inertie ou la mauvaise volonté des communes voisines.

C'est à cet état de choses que la loi de 1836 dut remédier. Elle dota d'abord la vicinalité de ressources spéciales, soit par des centimes additionnels au principal des contributions directes, soit par des prestations en nature. Il fut posé en principe pour la première fois que l'entretien des chemins auxquels le classement a donné une existence légale est une dépense obligatoire du budget des communes. En outre des chemins qui assurent les communications intérieures de chaque commune, le législateur prévit que les voies qui intéressent plusieurs communes limitrophes pourraient être construites et entretenues par les ressources combinées de ces communes en proportion de l'utilité que chacune en doit retirer. Enfin les chemins vicinaux plus importants, qui assurent à un certain degré la viabilité du département, devaient recevoir des allocations départementales votées par le conseil-général, et étaient placés sous l'autorité directe du préfet. Telle fut en germe la division encore en vigueur de la vicinalité en chemins ordinaires, chemins d'intérêt commun et chemins de grande communication. Ces derniers durent seuls, dans le principe, participer aux subventions du conseil-général, mais peu à peu et à mesure que ce réseau, le plus important des trois, fut plus avancé, les mêmes encouragements furent accordés d'abord aux chemins de la seconde catégorie, ensuite à ceux de la première.

Si l'on considère qu'au moment où cette loi fut votée tout était à créer, organisation du personnel et organisation des travaux, on ne s'étonnera pas que les progrès aient été lents pendant les premières années. L'une des ressources les plus importantes de la vicinalité est la prestation en nature, impôt assez léger, à porter pour les populations des campagnes, mais difficile à mettre en œuvre. Avant que le personnel des agents-voyers ait pu être convenablement recruté et suffisamment dressé aux travaux de ce genre, l'exécution des chemins était souvent abandonnée à l'arbitraire, et la main-d'œuvre des prestataires était à peu près perdue faute d'une direction intelligente. À notre époque, où l'on parle beaucoup de décentralisation, on remarquera que la loi du 21 mai 1836 a décentralisé d'une façon presque absolue le service de la voirie vicinale, puisque les ressources dont elle fait usage sont votées par les conseils-généraux et municipaux et employées par l'autorité départementale. Il s'agit pourtant, on le verra plus loin, d'une somme de dépenses d'une importance considérable. Si cette décentralisation, commandée au reste par la nature des choses, eut dans l'origine des inconvénients au point de vue de la régularité du travail, on ne peut douter qu'elle n'ait eu la plus sensible influence sur la marche ultérieure de l'œuvre en lui assurant le concours empressé de tous les coopérateurs qui voyaient dans les travaux de ce genre une entreprise d'intérêt local et parfois même d'amour-propre communal. D'ailleurs il est à peine besoin d'observer que l'uniformité d'exécution n'eût jamais été nécessaire ni même utile dans la construction de voies de communication destinées à desservir des pays d'aspect bien différent. D'un département à l'autre, on n'avait pas les mêmes ressources, les mêmes besoins ; la diversité du tracé, des pentes, des ouvrages d'art, était commandée par les conditions locales et la nature propre de chaque contrée.

Voyons maintenant quels résultats ont été obtenus par la loi de 1836. D'abord, au point de vue financier, les ressources affectées à la voirie vicinale se sont élevées graduellement de 44 millions en 1837 à 120 millions en 1864. Pendant ces vingt-huit années, le total des dépenses effectuées pour la création des chemins vicinaux se monte à plus de 2 milliards. La prestation, qui peut être acquittée en nature ou en argent au gré du contribuable, forme un peu plus de la moitié de cette somme. On avait terminé, jusqu'au

31 décembre 1863, 111 000 kilomètres de chemins vicinaux ordinaires, 43 000 kilomètres de chemins d'intérêt commun, et 69 000 kilomètres de chemins de grande communication. À la même époque, il restait à établir ou à compléter 257 000 kilomètres de la première catégorie, 35 000 de la seconde et 12 000 de la troisième. Ces chiffres sont, il est vrai, un peu modifiés chaque année, mais dans des limites assez étroites, par de nouveaux classements dont les conseils-généraux et municipaux reconnaissent la nécessité. On peut prévoir néanmoins que les chemins de grande communication, qui sont les plus importants et qui absorbent la plus forte part des subventions départementales, seront terminés dans un avenir assez rapproché. Si les ressources avaient été réparties d'une manière égale entre les divers départements de l'empire, le réseau en serait complet dans trois ou quatre ans ; en réalité, l'œuvre est déjà terminée dans plusieurs départements et lésera dans beaucoup d'autres à bref délai, tandis que quelques-uns sont bien en retard. Lorsque les chemins sont achevés, il faut les entretenir ; cependant une partie importante des impositions autorisées par la loi de 1836 va devenir disponible, et l'on songe à les employer à la création de chemins de fer d'embranchement, ou, si l'on veut, de chemins de fer vicinaux. Tel est en substance le projet dont il s'agit maintenant, et qui a reçu dans le département du Bas-Rhin une première et heureuse application. L'historique des phases que l'affaire a traversées dans ce département n'est pas sans intérêt, car on y verra en détail les difficultés que l'extension du système doit rencontrer partout.

Le département du Bas-Rhin se trouvait, en 1858, dans une position exceptionnelle sous le rapport des voies de communication. Les voies magistrales, routes impériales et routes départementales, étaient achevées depuis longtemps ; les chemins vicinaux de grande communication, retardés un moment par les exigences que la défense du territoire impose aux régions frontières, allaient être terminés. Plusieurs canaux facilitaient le transport des matières lourdes et encombrantes. Deux lignes de fer principales traversaient la contrée en deux sens différents, — l'une de l'est à l'ouest faisant communiquer l'Allemagne avec le centre de la France, — l'autre du nord au sud et parallèle au cours du Rhin. Toutefois, une notable partie du territoire n'était pas encore desservie directement par les chemins de fer, et l'éloignement des voies ferrées était surtout regretté en certains cantons industriels qui ont besoin de transports rapides et peu coûteux. À l'époque où le plus ancien chemin de fer de ce pays, celui de Strasbourg à Bâle, fut exécuté, les ingénieurs ne prévoyaient pas l'importance que les stations intermédiaires devaient acquérir et n'avaient songé qu'à réunir les points extrêmes par le tracé le plus court et le plus facile. S'éloignant du pied des Vosges, où se trouvent groupées les villes industrielles et commerçantes, ils s'étaient tenus au milieu des plaines plates et unies des bords du Rhin, qui sont purement agricoles. La voie ferrée circule au milieu de villages d'une faible importance, tandis qu'il y a au contraire dans la région déshéritée une population agglomérée, active et industrieuse, des villes de quatre ou cinq mille âmes comme Barr, Obernai et Wasselonne, qui fabriquent des tissus de laine et de coton, comme Mutzig et Molsheim, qui ont des manufactures d'armes ; il y a des établissements de bains et des sites pittoresques qui attirent les touristes pendant la belle saison, enfin des richesses naturelles en vins et en bois. D'autres parties du département, éloignées aussi des voies ferrées existantes, renferment des éléments de richesse d'une égale importance. Plusieurs projets de chemins de fer, tracés en vue de desservir ces riches contrées, avaient été déjà mis en discussion, mais les grandes compagnies n'avaient pas osé les entreprendre dans les conditions ordinaires. Quelques personnes avaient bien songé à établir sur les accotements des routes des lignes de rails où l'on aurait fait circuler des wagons traînés par des chevaux ; après mûr examen, on avait conclu que ce procédé, assez coûteux d'ailleurs, ne satisferait que d'une façon imparfaite et provisoire aux besoins reconnus. Les routes, n'ayant pas été tracées en prévision de ce nouvel emploi, présentaient trop peu de largeur en certains endroits, une déclivité trop forte en d'autres. En général, tous les systèmes secondaires de chemins de fer qui ont été conçus pour réaliser des économies considérables sur le système ordinaire, soit en ce qui concerne les frais d'établissement, soit en ce qui concerne la traction, ne conviennent, disait-on, que dans des cas particuliers très restreints. Les uns, établis sur les routes ordinaires avec traction de chevaux, ainsi qu'on en voit plusieurs exemples aux environs de Paris, ne sont utilisés que pour les voyageurs. D'autres, construite pour le service particulier des usines, avec une largeur moindre et un matériel spécial, ne transportent qu'une seule nature de produits. Ces systèmes bâtards n'eussent point paru suffisants pour desservir une contrée étendue et transporter avec célérité les personnes et les marchandises.

D'un autre côté, les lignes de chemins de fer construites suivant le type habituel du réseau français coûtent, on le sait, un prix considérable. Le prix de revient par kilomètre est en moyenne, pour les six grandes compagnies françaises, de 432 000 francs. Il était évident qu'une entreprise de cet ordre ne pourrait être une œuvre locale ; mais, en simplifiant autant que possible le tracé de la voie, ne diminuerait-on pas dans une forte proportion les dépenses de premier établissement ? Ainsi les chemins de fer locaux peuvent être construits avec une seule voie, ce qui abaisse notablement le coût des terrains à acquérir, des terrassements et des travaux d'art. On peut aussi éviter tous les grands travaux d'art, tunnels, viaducs et ponts à grande portée, limiter au strict nécessaire les bâtiments des stations, en un mot bannir le luxe sans cependant exclure la solidité. Un chemin qui doit être parcouru par un petit nombre de trains à vitesse modérée et qui ne doit être alimenté que par le trafic local n'a pas évidemment les mêmes exigences qu'une ligne internationale où la circulation doit être rapide et très active.

C'est avec ces considérations à l'appui que le conseil-général du Bas-Rhin était saisi, dans la session de 1858, d'un projet consistant à relier aux lignes ferrées déjà existantes tous les chefs-lieux de canton qui s'en trouvaient encore éloignés.[1] Il s'agissait de construire une dizaine de petits embranchements d'une longueur totale d'environ 250 kilomètres. Après un examen préliminaire et des études sérieuses sur le terrain, il fut reconnu que trois de ces chemins pouvaient seuls, dans l'état présent des choses, donner un produit rémunérateur des dépenses ; c'étaient ceux de Strasbourg à Barr avec embranchement sur Wasselonne, de Haguenau à Niederbronn et de Schlestadt à Villé. Les autres étaient ajournés à un temps plus éloigné. Les trois lignes admises avaient une longueur totale de 84 kilomètres. Une voie de fer n'est en définitive qu'une route perfectionnée quant à son tracé, ses pentes et ses courbes,

---

1 Il n'est que juste de dire que l'initiative de ce projet appartient à M. Migneret, alors préfet du département, et a M. Coumes, ingénieur en cher des ponts et chaussées, directeur des chemins vicinaux.

et cette route pourrait aussi bien recevoir un empierrement qu'un système de rails. Le département, assimilant ces trois lignes aux chemins vicinaux, s'engageait a faire les terrassements et les travaux d'art ordinaires dans les conditions de la loi de 1836, c'est-à-dire avec le concours des communes intéressées, sauf à trouver ensuite une compagnie qui consentît à entreprendre la transformation de ces voies en chemins de fer, à poser les rails, fournir le matériel roulant et exploiter la ligne moyennant perception des droits de transport. La dépense prévue pour le simple établissement de la plate-forme de la voie était de 25 000 francs par kilomètre, soit une somme totale de 2 millions environ, dont 40 pour 100 devaient être fournis par le département et 60 pour 100 par les communes. Les fonds furent votés avec empressement par le conseil-général et par la presque totalité des communes que l'entreprise intéressait. Jusque-là tout allait bien. Le projet n'était au fond qu'une application de la loi du 11 juin 1842, si ce n'est que, l'état se tenant à l'écart, la dépense d'établissement de la voie restait tout entière à la charge des localités.

Avant d'aller plus loin, il ne sera pas superflu de rappeler que les travaux d'établissement d'une voie ferrée se divisent en deux catégories bien distinctes. Acheter les terrains, niveler le sol au moyen de tranchées et de remblais ou de tunnels et de viaducs, construire les travaux d'art, ponts et aqueducs, à la rencontre des cours d'eau, en un mot établir ce que l'on appelle la plate-forme de la voie, et même garnir cette plate-forme du ballast qui supporte les rails, — ce ne sont au fond que des travaux de voirie de même ordre, aux détails du tracé près, que ceux que l'on exécute pour toute autre voie de communication. Jusque-là il est presque indifférent, au point de vue administratif, que le chemin soit destiné au roulage ordinaire ou au transport sur rails. L'exécution de ces travaux rentre de droit dans les attributions de l'autorité, état, département ou commune. On peut encore ranger sans trop d'effort dans la même catégorie l'édification des bâtimens des stations en les assimilant aux maisons de cantonniers placées sur les routes ou bien aux édifices communaux d'un usage public ; mais il n'en est plus de même des travaux qui complètent la voie ferrée. Acheter et entretenir le matériel roulant, organiser les ateliers indispensables à l'exploitation, percevoir les taxes, c'est entreprendre une œuvre industrielle et faire acte de commerce avec toutes les chances bonnes et mauvaises que le commerce et l'industrie comportent. C'est un des principes les mieux établis et les moins contestés de l'économie politique que le pouvoir doit le plus possible rester à l'écart en ces matières. Aussi le conseil-général du Bas-Rhin ne s'arrêta pas un seul instant à la pensée de transformer en voie ferrée par ses propres ressources les nouveaux chemins dont il avait voté la construction, et il fallut chercher une compagnie qui voulût bien compléter l'œuvre et en entreprendre l'exploitation industrielle.

La dépense complémentaire à effectuer pour mettre le chemin en état d'exploitation était évaluée à 50 000 francs par kilomètre. La concession de cette ligne fut proposée tout d'abord à la compagnie des chemins de fer de l'Est, qui pouvait s'en charger avec plus de facilité que toute autre, puisqu'il ne s'agissait que d'embranchements aboutissant aux lignes qu'elle exploitait déjà ; mais cette compagnie, jugeant que les produits du chemin ne lui seraient pas rémunérateurs et ne voulant pas au surplus s'engager dans une affaire aléatoire qui eût été un précédent à invoquer dans d'autres départements, fit un refus positif, et offrit seulement de traiter à forfait pour l'exploitation, moyennant qu'on lui garantirait une recette annuelle de 8, 500 francs par kilomètre. Cette somme fixe lui paraissait représenter la dépense moyenne occasionnée par l'entretien de la voie et du matériel et par la mise en marche de trois trains par jour en chaque sens. Dans ce système, la compagnie n'eût couru aucun risque, et le département eût eu toutes les chances de gain ou de perte suivant que les recettes effectives eussent été supérieures ou inférieures au chiffre fixé des dépenses.

Cette combinaison ne pouvait être acceptée, car elle eût exposé les finances départementales à des éventualités dangereuses. D'autres concessionnaires se présentèrent alors, mais en demandant que le département et les communes consentissent à de nouveaux sacrifices et contribuassent pour une part à la transformation du chemin proprement dit en voie ferrée. Il s'agissait de voter un supplément de subvention d'à peu près 20 000 francs par kilomètre, soit 1 million pour la ligne de Strasbourg à Barr et Wasselonne. Le département et les principales villes intéressées à l'entreprise accordèrent sans difficulté le nouveau contingent qu'on leur demandait.

Il semblait difficile, impossible même qu'un concessionnaire entreprît l'exploitation des embranchements construits avec les ressources vicinales sans une entente étroite avec la grande compagnie au réseau de laquelle ces embranchements venaient se souder. On craignait que des tarifs différentiels bien combinés ne vinssent décider les expéditeurs et destinataires de marchandises à employer, pour les matières venant de loin, le camionnage au lieu du chemin de fer local. Cette difficulté n'a pas sans doute l'importance qu'on lui supposait. Les principaux industriels et propriétaires du pays, auxquelles chemins projetés devaient le plus profiter, ne s'en réunirent pas moins en société financière pour prendre à leur charge les risques d'exploitation dont le département, de même que la compagnie de l'Est, ne voulait pas être responsable. Cette société locale, constituée au capital de 1 200 000 francs, devait poser la voie de fer à ses frais, compléter les bâtiments des stations, et remettre le chemin en cet état à la compagnie de l'Est, qui maintenait ses premières propositions, c'est-à-dire qui s'engageait à exploiter la ligne moyennant une recette garantie de 8 500 francs par kilomètre et par an. Toutefois l'affaire parut alors si peu avantageuse sous le rapport financier que l'association qui s'interposait ainsi entre le département et la compagnie de l'Est ne put se former qu'avec la promesse d'un secours de l'état. En effet, le gouvernement lui accorda une subvention de près de 20 000 francs par kilomètre, autant en vue de favoriser l'intéressante expérience que le département du Bas-Rhin poursuivait avec persévérance qu'en raison des avantages réels que le chemin lui-même devait procurer aux forêts domaniales situées sur son parcours.

Par une réserve prudente, on n'avait pas voulu procéder à l'exécution des chemins projetés avant de s'être assuré du concours d'une compagnie qui pût compléter l'œuvre et exploiter les embranchements qu'il s'agissait d'établir. Ce n'est donc qu'au commencement de la campagne de 1861, après trois ans d'études et de négociations, que les terrassements furent entrepris. Il fut aisé alors de reconnaître que ces chemins de fer locaux devaient rencontrer dans l'exécution bien moins d'obstacles et de difficultés que les grandes lignes. D'abord les acquisitions de terrains se firent avec une facilité remarquable, car presque toutes furent traitées à l'amiable et sans intervention du jury d'expropriation ; au contraire les grandes compagnies, étrangères aux localités, ont à lutter, on le sait, contre des prétentions souvent exorbitantes. On n'eut pas besoin non plus de réunir de grands ateliers d'ouvriers nomades qui jettent toujours plus ou moins de trouble dans un canton et y font hausser temporairement le prix habituel des salaires et des objets de consommation. Les terrassements, peu importants d'ailleurs, furent exécutés par les prestataires, comme s'il ne s'agissait que de chemins vicinaux ordinaires, et aux époques de l'année où l'agriculture réclamait le moins de bras utiles. Les travaux furent néanmoins poussés avec activité, et les trois lignes de Strasbourg à Barr et Wasselonne, de Haguenau à Niederbronn, et de Schlestadt à Sainte-Marie-aux-Mines,[1] furent livrées à la circulation dans les derniers mois de l'année 1864. Dans l'intervalle, la compagnie de l'Est, dont la concession fut remaniée en 1863, s'était décidée à absorber définitivement ces trois embranchements, qui font aujourd'hui partie de son nouveau réseau.

En cours d'exécution, les devis primitifs avaient été quelque peu dépassés, comme il est d'usage dans toute espèce de travaux publics. Toutefois la dépense totale ne s'est élevée qu'à 117 000 fr. en moyenne par kilomètre de chemin.[2] On doit remarquer sans doute que les chemins de l'Alsace sont tracés dans une plaine presque plate qui présente des facilités exceptionnelles ; mais par compensation les terrains y ont en général une valeur assez élevée. Il est donc permis de croire, d'après cette expérience, que l'on pourra construire des chemins de fer à une voie au même prix partout où l'on n'aura ni de grands cours d'eau à traverser, ni des faîtes de montagnes à franchir. Une sage tolérance dans l'inclinaison des rampes et dans le rayon des courbes permettra d'éviter tous les grands travaux d'art qui absorbent sur un seul point une somme considérable. Si l'on considérait l'expérience faite dans le département du Bas-Rhin comme trop restreinte pour être concluante, <u>nous pourrions</u> répondre que d'autres embranchements, d'une très

---

1 Cette troisième ligne, substituée au projet primitif de Schlestadt à Villé, a été exécutée par les efforts combinés des départements du Bas-Rhin et du Haut-Rhin.
2 Il est intéressant de noter comment la dépense s'est répartie entre les quatre budgets qui y ont concouru. Le département a fourni, en nombres ronds, 21 900 francs par kilomètre, soit 18,7 pour 100 ; les communes 22 400 francs, soit 19,1 pour 100 ; l'état 18 700 francs, soit 16 pour 100 ; — la compagnie concessionnaire, 54 000 francs, soit 46,2 pour 100. Il faut observer que le contingent des communes a été fourni, en partie du moins, au moyen de la cession de terrains communaux et des prestations en nature, ce qui a un peu allégé les charges qui leur incombaient.

courte longueur il est vrai, entre autres celui de Saint-Gobain à Chauny, exécuté par la compagnie du Nord, sont ressortis à un prix de revient encore moindre. Des renseignements recueillis en divers pays étrangers par les ingénieurs français ont confirmé ces évaluations.

Section II

Ainsi deux points peuvent être considérés comme bien établis. D'une part, il est possible de créer, dans toutes les régions où le sol ne présente pas des obstacles exceptionnels, des chemins de fer à une voie de même gabarit que les grandes lignes au prix moyen de 120 000 francs par kilomètre, y compris la fourniture d'un matériel roulant qui équivaut au cinquième de la dépense totale. D'autre part, les ressources si importantes que la loi de 1836 a créées au profit de la voirie vicinale permettent aux communes et à certains départements de participer dans une large mesure à des entreprises de cette sorte. Depuis vingt-huit ans que les centimes additionnels et les prestations en nature sont perçus au profit des voies de communication, les populations ont eu le temps de s'habituer à ces impositions, et les acceptent d'autant plus volontiers que le résultat se traduit par une amélioration évidente de la viabilité du pays. L'achèvement graduel des chemins de grande communication dans la plupart des départements va d'ailleurs rendre disponible une partie de ces ressources, que l'on pourra ainsi appliquer à des chemins de fer d'une longueur limitée, s'étendant rarement au-delà de 40 kilomètres, d'un tracé facile et d'un trafic peu considérable. Les centres manufacturiers, les entrepôts agricoles et commerciaux que les lignes principales ne desservent pas, pourront s'y rattacher par des embranchements très courts qui coûteront peu, et qui seront cependant construits dans des conditions telles que les marchandises lourdes et encombrantes passent sans transbordement ni retards de la ligne principale à l'embranchement. Le problème économique de la construction est à peu près résolu. En est-il de même du problème de l'exploitation ? Malheureusement la difficulté se représente ici tout entière.

Le chemin de fer est un instrument de travail très perfectionné, qui fonctionne admirablement lorsqu'il a des milliers de tonnes à convoyer chaque jour. N'est-il pas trop parfait, c'est-à-dire trop coûteux, lorsque la circulation est très restreinte ? C'est là la question qu'il s'agit d'examiner. Peut-il être exploité d'une façon économique ? C'est à l'étranger qu'il nous faut aller demander des renseignements sur ce sujet, car en France nous n'avons pas encore de chemins de fer où l'on ait été obligé de restreindre la dépense d'exploitation au strict nécessaire. On trouve au contraire dans les îles britanniques, et surtout en Ecosse, de nombreux embranche-mens qui méritent de servir de type de chemins économiques et qui fonctionnent au surplus depuis si longtemps que l'exploitation y a pris une allure tout à fait normale.[1]

Les grandes compagnies de chemins de fer de la Grande-Bretagne ont été contraintes, de même que les compagnies françaises, de construire beaucoup d'embranchements secondaires dont le prix de revient kilométrique est aussi élevé que celui des lignes principales et dont les recettes sont bien moindres. Double voie, ouvrages d'art grandioses, courbes à grands rayons et pentes réduites, rien n'y manque de ce qui constitue les artères principales, si ce n'est que le trafic est toujours médiocre et trop faible pour assurer un produit rémunérateur. Aussi s'accorde-t-on à dire, en Angleterre comme en France, que les embranchements ne paient pas les frais de leur entretien.

Il y a en outre en Ecosse et en Irlande, dans des pays agricoles ou de petite industrie, bon nombre de chemins de fer à une seule voie qui ont été établis par des compagnies locales à un taux très modéré, sans aucune subvention officielle, et qui, grâce à une exploitation intelligente, appropriée à leurs besoins, assurent un revenu satisfaisant au capital qui leur a été consacré. Ce sont ceux-ci qu'il faut prendre pour modèles. Ainsi un chemin qui s'embranche sur la ligne d'Edimbourg à Perth a été construit en 1855 pour desservir la petite ville de Leven, dont la population est tout au plus de 2 000 âmes. Ce chemin, qui n'a que 9 kilomètres de long, traverse une contrée agricole où il n'y a d'autre industrie que des distilleries et des féculeries. Le pays est peu accidenté ; cependant le tracé suit les contours d'une vallée à ondulations nombreuses et rapprochées.

---

1 Voyez les rapports de MM. Lan et Bergeron sur les chemins de fer économiques de l'Ecosse.

Il y a donc beaucoup de courbes à faible rayon. Les trois stations, deux aux extrémités et une au milieu, sont en bois et se composent d'un simple rez-de-chaussée de deux ou trois pièces, sans logement pour le chef de station. Le prix d'établissement s'est élevé à 83 000 francs par kilomètre. Un peu plus tard, ce chemin a été prolongé de 11 kilomètres par la ligne d'*East of Fife*, dans les mêmes conditions économiques, mais dans un pays encore plus pauvre. Cependant cette ligne de 20 kilomètres, avec une recette brute de 12 000 francs par kilomètre et une dépense de 7 500 francs, donne près de 5 pour 100 de revenu à ses actionnaires.

Une autre ligne de la même catégorie, qui s'embranche sur celle d'Édimbourg à Berwick, a été construite par les propriétaires de la contrée pour desservir la petite ville de Peebles, qui n'a que 2 500 habitants. Elle dessert en outre deux bourgs de 1 200 à 1 500 âmes, et traverse une contrée de bois et de pâturages où la population est clairsemée. Comme industrie, il y a quelques papeteries et des fabriques de draps de peu d'importance ; mais l'agriculture est assez développée. Le terrain est relativement accidenté, car on franchit un faîte qui s'élève à 225 mètres au-dessus d'une des extrémités de la ligne. On a vaincu cette difficulté au moyen de pentes de 18 à 19 millimètres par mètre, sans avoir à exécuter de tranchées ni de remblais d'un volume considérable. L'ingénieur qui a construit ce chemin, ainsi que le précédent, a posé en principe, dans les travaux de ce genre qu'il a dirigés, qu'il importe surtout d'éviter les terrassements, et il y réussit en faisant suivre au chemin autant que possible les sinuosités du terrain. Il y a sept stations, qui sont toutes, sauf une, des bâtiments en bois. En somme, cette ligne a coûté 87 000 francs par kilomètre pour la construction, 17 000 francs pour le matériel roulant, et, avec une recette kilométrique annuelle de 10 000 francs, elle a rapporté de 4 à 5 pour 100 à ses actionnaires pendant plusieurs années. Ensuite elle a été rachetée à un taux très favorable par la grande compagnie sur laquelle elle s'embranchait.

Voilà deux exemples de chemins de fer économiques. On pourrait en citer bien d'autres qui sont arrivés au même résultat, c'est-à-dire qui, construits par les seuls efforts de l'industrie privée et des associations locales, assurent un revenu de 3 à 6 pour 100 aux capitaux de premier établissement. Ce taux d'intérêt paraît d'autant plus satisfaisant que les chemins dont il s'agit sont concédés à perpétuité et constituent de véritables propriétés. On pense avec raison que le trafic doit s'accroître d'une façon progressive, et que l'excédent de revenu dû à cet accroissement de trafic viendra à point, dans quelques années, pour couvrir les dépenses de réfection et d'amélioration de la voie.

Les ingénieurs français — MM. Lan et Bergeron, qui ont étudié avec beaucoup de soin les chemins de fer économiques de l'Écosse, et à qui ces renseignements sont empruntés, n'ont trouvé au fond rien de bien nouveau ni dans le système de la construction ni dans les procédés d'exploitation, si ce n'est un esprit de stricte économie qui perce jusque dans les moindres détails et une grande indépendance laissée à ces petites compagnies en ce qui concerne les règlements de service et de tarifs. Pour la construction, le plus important est, on l'a dit plus haut, de suivre les contours du sol au moyen de pentes rapides et de courbes à faible rayon, de façon à éviter tous les ouvrages d'art dispendieux, et sauf à rectifier plus tard les parties du tracé qui imposeraient des dépenses de traction trop considérables. Ces rectifications ne viennent d'ailleurs que quand le succès de l'entreprise est assuré. Stations, voies de garage, barrières, trottoirs, tout est réduit au nécessaire. Il faut ajouter aussi qu'en Écosse la propriété est peu divisée, et que les propriétaires des terrains traversés, étant en grande partie souscripteurs du fonds social, ne pourraient émettre des prétentions exagérées sans rencontrer une vive-opposition de la part de leurs coassociés. Les travaux n'étant pas assujettis à un mode uniforme, comme sur le réseau d'une grande compagnie, l'ingénieur qui est sur les lieux fait, pendant que la voie est en cours d'exécution, les changements que comporte la localité, il emploie les matériaux les moins coûteux et réalise en somme des économies importantes. Enfin les intérêts individuels, qui ne manquent jamais de se coaliser contre une grande compagnie étrangère au pays, afin d'obtenir les uns un pont ou un passage à niveau, les autres une gare plus commode ou plus rapprochée, n'osent agir de même envers une compagnie locale dont leurs exigences, ils le savent bien, anéantiraient les efforts dès le début.

On a dit souvent que la concentration d'un vaste réseau de chemins de fer entre les mains d'une société puissante a pour effet de diminuer les frais généraux d'administration. Cette assertion n'est pas exacte pour les chemins de fer de l'Écosse, où les frais généraux sont à peu près nuls. Ainsi l'embranchement de Leven, dont il a été question plus haut, a pour administrateurs des propriétaires ou industriels du pays qui s'occupent avec activité des affaires de la compagnie sans traitement ni jetons de présence, et par ce seul motif que leur intérêt personnel y est engagé. Le président du conseil est un meunier-distillateur dont l'usine est située au milieu du chemin et contiguë à la seule station intermédiaire. Le secrétaire est un banquier de Leven, qui tient les comptes moyennant 2,000 francs par an. Tout le personnel de l'exploitation est à l'avenant. Le service des trains se faisant en navette, c'est-à-dire que les mêmes voitures vont alternativement d'une extrémité à l'autre, il n'y a qu'une seule locomotive, un seul mécanicien, un seul chauffeur, et en cas de maladie ceux-ci sont remplacés par les ouvriers des ateliers de réparations, qui sont chargés d'entretenir le matériel en bon état. Tous les hommes employés dans ces ateliers et à l'entretien de la voie sont de simples ouvriers payés à la semaine, qui se suppléent au besoin et n'ont aucune hiérarchie, parce que le président de la compagnie les connaît tous et les surveille tous sans embarras. Aucun d'entre eux n'a la prétention de passer pour un fonctionnaire.

Même simplicité dans les gares. Sur le chemin de Peebles, où le service des marchandises est assez actif, voici ce que rapporte M. Bergeron : « Je m'étais arrêté à la station de Roslin après avoir visité les ruines célèbres du château et de la chapelle de ce nom. L'employé qui délivrait les billets m'expliqua qu'il était à la fois receveur, facteur et gardien d'un passage à niveau, qu'il n'avait personne de sa famille pour l'aider dans ses fonctions. Depuis cinq ans, sans manquer un seul jour, — je ne compte pas les dimanches, où le mouvement des chemins de fer est généralement interrompu en Ecosse, — il s'était parfaitement acquitté tout seul du service multiple dont il était chargé. Sur une petite voie de garage, contiguë à la station, se trouvaient deux wagons de houille à l'adresse d'un blanchisseur du voisinage. A mon observation, qu'il lui fallait bien quelqu'un pour l'aider dans les manœuvres de ces wagons, l'employé me répondit que les expéditeurs ou destinataires des marchandises fournissent eux-mêmes les ouvriers pour charger ou décharger les wagons et prêter main-forte aux agents de la compagnie pour les manœuvres. Ainsi, le public étant appelé à faire lui-même une partie du service des gares, la compagnie du chemin de fer obtient une économie notable dans son personnel. J'appris encore qu'après le passage du dernier train, à huit heures du soir, le chef de station fermait la porte de son bureau et allait passer la nuit dans son domicile, qui ne dépendait pas du chemin de fer. Avant de partir, il laissait libre le passage à niveau ; les barrières, cadenassées perpendiculairement à la voie, empêchaient les animaux d'y pénétrer pendant la nuit. L'employé revenait le lendemain matin, à sept heures, reprendre son service. N'ayant pas de télégraphe qui le retînt dans son bureau, il trouvait le temps nécessaire pour aller à son domicile prendre ses repas dans l'intervalle des trains, dont le nombre était de quatre par jour, en chaque sens, pendant l'été, et de trois en hiver. »

Ailleurs le service se fait encore avec plus de simplicité. Ainsi on cite une gare où l'employé est un épicier du village voisin, qui vient à son poste un quart d'heure avant l'heure réglementaire du passage du train, délivre les billets aux voyageurs qui partent, reçoit ceux des voyageurs qui arrivent, et retourne à sa boutique quand le train s'est remis en marche. Il ne faut pas croire cependant que les embranchements exploités de cette façon laissent beaucoup à désirer sous le rapport de la régularité du service. Malgré les imperfections de la voie, les trains y circulent avec au moins autant de rapidité que les trains dits *omnibus* sur les grandes lignes du réseau français. Quoiqu'il n'y ait ni disques pour signaux, ni télégraphe, ni surveillance minutieuse, les chances d'accidents sont très faibles en raison de ce qu'il n'y a jamais qu'un seul train à la fois en mouvement sur la ligne.

Ces procédés expéditifs seraient-ils admis en France ? Il est à peine permis d'en douter. Le public français a l'habitude, il est vrai, d'une régularité parfaite : il se plaint avec aigreur des petites erreurs, des petits retards que les services les mieux organisés ne peuvent éviter ; mais il est à remarquer que les embranchements de petite longueur et dont le trafic est peu important (il ne s'agit que de ceux-là) ont de toute nécessité une clientèle locale. Il s'établit alors entre les agents de la compagnie et les voyageurs des relations familières qui rendent ceux-ci plus tolérants. Il suffit d'avoir quelque peu fréquenté les innombrables voitures publiques qui complètent aujourd'hui nos moyens de communication pour comprendre à quel degré de mansuétude le voyageur français est enclin quand il est en présence d'hommes qu'il connaît et d'habitudes déjà prises.

Si l'on objecte que dans la moitié au moins des départements français la construction des chemins de fer vicinaux rencontre des difficultés topographiques considérables qui accroîtront la dépense de premier établissement, il est facile de répondre que cette dépense peut alors être restreinte en de moindres limites, pourvu que l'on adopte une voie de largeur moindre. Au lieu de 1m, 44 de largeur entre les deux lignes de rails, on se contentera de 1m, 20 ou de 1m, 10. Par suite, on pourra faire usage d'un matériel plus léger et moins coûteux, rétrécir le rayon des courbes, proportionner en un mot le poids des rails, la superstructure du chemin, et même la force des machines locomotives au trafic réduit que le chemin doit desservir.

Ici encore l'expérience a été faite des services que peut rendre un chemin de fer conçu d'après ce système et du résultat économique auquel il aboutit. La compagnie d'Orléans, comme propriétaire des établissements métallurgiques d'Aubin, exploitait la minière de Mondalazac, à 7 kilomètres de la station de Salles-la-Source. Le transport des minerais par voitures ressortait à un prix très élevé, 20 centimes par kilomètre, et était une source d'embarras continuels, même dans la saison où les voies de communication sont en bon état d'entretien. D'autre part, le pays étant très accidenté, la construction d'un embranchement avec la grande voie et les rails ordinaires, de manière à utiliser les wagons et les locomotives du réseau, eût coûté un prix excessif, hors de proportion avec les services qu'on en attendait et l'importance des matières à convoyer. Le conseil d'administration de la compagnie résolut donc de construire un chemin à section réduite, avec des rails moins lourds et un matériel spécial. Pendant trois ans, de 1861 à 1864, ce chemin fut exploité avec des chevaux, puis on y mit des locomotives légères qui circulent sans difficulté dans des courbes de 40 mètres de rayon et remontent aisément une rampe de 1, 2 centimètres par mètre qui se trouve à l'une des extrémités de la ligne.[1]

[1] On a fait une objection à l'emploi des locomotives sur des chemins de fer de petite largeur et à déclivité considérable. Il faudra conserver, a-t-on dit, aux rails la même épaisseur que sur les grandes lignes, parce que les locomotives, ayant besoin de beaucoup d'adhérence pour gravir les rampes, devront être pesantes ; par suite l'économie

Sur ce petit chemin de longueur si réduite que la locomotive qui le dessert n'a que trois heures de travail effectif par jour, la substitution de la traction par la vapeur à la traction par chevaux fut une économie, bien que les machines ne puissent y développer qu'une partie de leur effet utile. Quant au prix d'établissement, il n'a été que de 50 000 francs par kilomètre, y compris le matériel roulant. L'exploitation laisse un produit net de 1 500 francs par kilomètre, défalcation faite des dépenses, à peu près 3 pour 100 du capital dépensé. Dans des circonstances analogues, — il s'agit ici du département de l'Aveyron, l'un des plus accidentés de France, — avec une subvention modeste, la construction et l'exploitation d'un chemin de fer deviendraient une opération industrielle avantageuse. Il s'agit cependant d'une ligne où les recettes brutes ne dépassent pas 3 600 francs par kilomètre et par an.

On rencontrera sans doute dans l'esprit public une certaine répugnance contre les chemins à largeur réduite qui exigent un transbordement des voyageurs et des marchandises aux points où ils se soudent sur une artère principale, répugnance qui est plutôt instinctive que justifiée par la nature des choses. On peut craindre aussi que le matériel roulant spécial qu'ils exigent ne dépérisse en peu de temps faute des moyens de réparation qu'un embranchement ne pourrait avoir à sa disposition sans des frais excessifs, et dans ce dépérissement graduel d'un matériel entretenu d'une façon insuffisante les gens timorés verront une source de péril. D'ailleurs les chemins de cette catégorie ne pourront être construits et exploités qu'autant que les règles inflexibles et minutieuses de l'ordonnance royale de 1846 seront adoucies en leur faveur. Chacune de ces tolérances se rachètera tôt ou tard, pensera-t-on, par de douloureux accidents. Ces craintes sont chimériques, ou tout au moins exagérées. Sur les chemins de fer, l'excès de vitesse est la cause la plus fréquente d'accidents, et surtout c'en est la cause la plus grave. Or les chemins départementaux n'auront jamais que des trains à vitesse modérée, au plus 30 kilomètres à l'heure pour ceux à large voie, et 15 ou 20 kilomètres pour ceux de section ré-

---

que l'on prétend réaliser sur le prix d'établissement est illusoire. Cette objection est sans valeur. Les locomotives du chemin de fer de Mondalazac ont plus d'adhérence, à proportion de leur puissance de traction, que les grosses machines qui remorquent les trains de marchandises sur les chemins à large section : elles sont moins exposées à *patiner* et font par conséquent un meilleur service.

Section II

duite. Quant au transbordement nécessaire pour passer de l'embranchement à la ligne principale, c'est un inconvénient insensible pour les voyageurs et pour les marchandises d'un certain prix qui sont transportées par colis isolés. C'est moins encore pour ce qui s'arrête aux extrémités de l'embranchement, sans aller plus loin. Pour les marchandises lourdes ou encombrantes, qui composent sur certains chemins la majeure partie du trafic, ce transbordement est sans doute une gêne, mais il se résout en une légère augmentation de dépense, augmentation qui est faible en comparaison de celle que la marchandise supporterait, si on voulait la faire voyager sur une route ou sur une voie de fer de largeur normale.[1] On peut faire valoir encore que ces lignes à section réduite se prêteront mieux que d'autres à, l'établissement de voies de service contiguës qui pénétreront à l'intérieur même des usines, y apporteront les matières premières ou en rapporteront les produits fabriqués. C'est le rêve de tous les industriels d'avoir une voie de fer qui vienne déposer ou prendre à pied d'œuvre les matières qu'ils ont à convoyer. Jusqu'à présent les usines d'une grande importance ont pu seules se relier au réseau d'un chemin de fer, en raison des dépenses que ces embranchements nécessitent, et des exigences rigoureuses que doit imposer le service d'une ligne très fréquentée ; mais le nombre s'en multipliera sans doute rapidement lorsque les réseaux départementaux amèneront à proximité des usines des lignes de fer dont les entrepreneurs auront un intérêt majeur à puiser dans les localités mêmes les éléments de leur trafic.

Section III

Le prix de revient kilométrique d'un chemin de fer peut donc, en France même, varier dans d'énormes proportions, de 500 000 à 50 000 francs. Pour peu que l'on soit au courant des modifications qui ont été successivement introduites dans les conditions techniques d'établissement des chemins de fer français, on ne s'en étonnera pas, car ce prix dépend surtout des exigences qui sont imposées au tracé. Au début, l'administration des ponts et chaussées exigeait que les pentes n'eussent pas une inclinaison plus forte

---

[1] À la bifurcation du chemin de fer de Mondalazac, la compagnie d'Orléans paie le transbordement du minerai à forfait au prix fixe de 17 centimes par tonne.

que 5 millimètres par mètre, que le rayon des courbes ne fût pas inférieur à 1 000 mètres, et qu'une double voie fût posée sur toute la longueur de la ligne à desservir. Les chemins établis d'après ce système sont très utiles sans contredit dans les directions où la circulation des trains est très active, parce que les locomotives peuvent y remorquer de lourdes charges en conservant une vitesse supérieure, et que les trains peuvent être nombreux sans qu'il y ait de graves chances d'accidents ; mais là où le trafic est médiocre, il n'est plus besoin des mêmes facilités de circulation. Peu à peu il fut permis aux compagnies d'élever l'inclinaison des pentes et rampes à 7, 8, 9 millimètres par mètre, à 1 centimètre et même 1 centimètre 1/2. Le rayon des courbes fut réduit à 600 mètres, puis à 300 mètres et moins encore. La double voie ne fut plus considérée que comme une mesure d'avenir en vue de laquelle il convenait de préparer tout de suite les terrains et la dimension des ouvrages d'art.[1] Simplifier ainsi les conditions d'établissement, ce n'est après tout que proportionner la perfection et le prix de revient des chemins de fer aux services qu'ils sont appelés à rendre. Il y aurait prodigalité à construire un chemin de fer très perfectionné pour desservir une ligne où les voyageurs doivent être peu nombreux et les marchandises peu abondantes. Il est clair d'ailleurs que l'on n'a pas encore suivi l'application de ce principe aussi loin qu'il est possible de le faire. On n'a construit jusqu'à présent que des lignes qui, plus ou moins, ont un caractère d'utilité générale et sont appelées à recevoir tôt ou tard un développement de trafic que d'autres lignes ou des embranchements leur amèneront ; mais lorsqu'on s'occupera de chemins de fer ne présentant qu'un intérêt vraiment départemental ou communal, l'ingénieur sera libre d'introduire dans ses projets toutes les tolérances compatibles avec la sécurité de l'exploitation.

Quand on voudra établir une voie ferrée soit pour desservir quelques petites villes ou villages dont le trafic total n'équivaudra pas à une recette déplus de 10, 000 francs par kilomètre, soit pour faciliter les communications dans une vallée sans aboutissants, où, les parcours étant peu développés, il suffira d'obtenir une vitesse

---

1 En moyenne, on évalue que la plate-forme à double voie ne coûte que 25 pour 100 en plus de ce que coûte celle à voie unique. En face d'un si léger accroissement de dépense, c'est donc une mesure sage que d'imposer la première à toutes les lignes dont le trafic paraît susceptible d'un large développement.

Section III

de 20 kilomètres à l'heure, sera-t-il nécessaire de faire les mêmes terrassements, de poser les mêmes rails, de mettre en mouvement les mêmes locomotives et les mêmes wagons que sur une ligne magistrale où doivent circuler des trains de marchandises de 500 à 600 tonnes et des trains *express* de voyageurs aux vitesses perturbatrices de 70 à 80 kilomètres ? Évidemment non. La puissance de l'instrument doit être en raison du travail qu'on veut lui faire accomplir. On se contentera de locomotives légères, de wagonnets dont le poids mort sera réduit autant qu'il est possible ; par suite, le matériel fixe et les ouvrages d'art n'auront besoin que d'une résistance moindre. Sans rien sacrifier de ce qui est indispensable à la sécurité de la circulation, on rapprochera les essieux de telle façon que les voitures puissent tourner dans des courbes de faible rayon, et l'on allégera le matériel roulant de telle sorte que des rampes assez raides soient franchies sans renfort. On arrivera ainsi à construire des voies ferrées dont le prix de revient, matériel roulant compris, n'excédera pas 50, 000 francs par kilomètre, comme à Mondalazac. Peut-être même se tiendra-t-on au-dessous de ce chiffre, par exemple, en utilisant sur une partie de la distance à parcourir les bas côtés des routes qui existent déjà. Cependant on ne doit pas perdre de vue que moins un chemin de fer est parfait, et plus les frais d'exploitation y sont considérables, en sorte qu'il sera quelquefois préférable de dépenser plus de prime abord afin d'économiser sur la dépense annuelle d'entretien et d'exploitation.

Maintenant, si l'on compare les chemins de fer économiques de l'Écosse aux chemins de fer vicinaux que plusieurs de nos départements ont déjà établis ou projettent d'établir, on est bien forcé de reconnaître que ces derniers sont, au point de vue financier, dans des conditions infiniment préférables. D'abord, pour la construction, le territoire de l'Ecosse n'est pas moins accidenté que le nôtre. Nos embranchements peuvent être exécutés par un service public, celui des chemins vicinaux, qui est déjà largement organisé en vue d'autres besoins ; ils n'ont pas à supporter les dépenses parlementaires, qui s'élèvent toujours à une somme assez considérable dans la Grande-Bretagne, et les frais d'études et de projets seront sans importance. C'est au total une économie de 5 000 à 15 000 francs par kilomètre. Une loi récente vient de les dispenser de clore la voie par une barrière continue[1] et de fermer les passages à niveau au croisement des chemins de traverse peu fréquentés. La main-d'œuvre est en général à un taux moins élevé en France qu'en Angleterre. L'ensemble de ces avantages compense et au-delà ce qu'il faut payer de plus pour le fer et la fonte employés dans la construction. Cette question du prix d'établissement paraît au reste déjà résolue par l'expérience qui en a été faite en diverses parties de notre pays, quoique l'établissement des stations et de leurs annexes ait donné lieu en certains cas, sur les chemins de l'Alsace par exemple, à des dépenses assez élevées que d'autres départements feront bien d'éviter.

La différence capitale gît dans le mode d'exécution des travaux, puisqu'on France la plate-forme de la voie sera le plus souvent livrée au concessionnaire à titre gratuit, et que celui-ci recevra même dans la plupart des cas une allocation supplémentaire à valoir sur la dépense qu'il lui reste à faire. Au lieu de 100 ou 120 000 fr. par kilomètre, c'est sur un capital de 50 ou 60 000 francs qu'il y aura à servir les intérêts, en supposant qu'on établisse un chemin de fer de largeur normale, et sur un capital moindre encore dans tous les cas où la largeur réduite sera jugée suffisante.

Les chemins de fer d'intérêt local n'ont cessé depuis un an d'attirer l'attention. Les départements du Bas-Rhin et du Haut-Rhin ont donné l'éveil en engageant les premiers leurs finances dans cette catégorie de dépenses d'un nouveau genre. Ceux de la Sarthe et de Saône-et-Loire ont entrepris d'exécuter, eux aussi, des lignes vicinales, et se sont mis à l'œuvre. L'esprit public, séduit par les promesses et les discussions de la loi que le corps législatif a votée récemment, a reçu de nombreuses satisfactions à ce sujet pendant la dernière session des conseils-généraux, car il est peu d'assemblées départementales où la question n'ait été agitée. Les uns, les conseils des Ardennes, de l'Eure, du Calvados, ont alloué tout de suite des subventions pour exécuter certains chemins ou pour venir en aide aux compagnies particulières qui offriraient de les entreprendre.

---

1 Ce n'est pas seulement au point de vue immédiat de l'économie de la barrière qu'il convient d'apprécier cette innovation. Elle permet en outre de supprimer la plus grande partie des chemins latéraux à la voie, dont l'établissement est une lourde charge pour les compagnies et peut influer d'une façon sensible sur le prix d'acquisition des terrains, car un chemin de fer sans clôture n'est pas, comme nos chemins de fer actuels, un obstacle absolu à la circulation entre champs limitrophes.

Section III

D'autres, plus timides, se sont contentés de témoigner leur sympathie en faveur de tels projets, ou ont ajourné leur décision afin de s'éclairer par des études approfondies sur les dépenses que l'exécution d'un réseau départemental entraînerait et sur le degré d'utilité qu'il présenterait. Enfin un certain nombre, les mieux dotés peut-être en chemins de fer et les plus habitués sans doute à ce que le budget de l'état pourvoie à leurs besoins, ont refusé d'engager les ressources de la vicinalité ordinaire dans des entreprises dont ils contestaient l'à-propos. En somme cependant la conclusion a été ; que les railways départementaux méritent des études sérieuses, bien qu'il soit difficile dans la plupart des départements de leur assigner dès à présent une dotation suffisante.

Lorsque le premier engouement sera calmé et que les conseils-généraux auront médité d'une façon suffisante sur le grave sujet qui est abandonné à leur initiative, les chemins de fer vicinaux— e multiplieront-ils avec rapidité ? On peut prévoir déjà que les travaux ne pourront être bien étendus ni poussés avec beaucoup d'activité. L'état, qui promet de prendre part, dans la proportion du tiers en moyenne, à la dépense que les concessionnaires des nouvelles lignes laissent à la charge des budgets locaux, l'état ne consacrera que 6 millions par an à cet ordre de travaux. Son concours n'est pas indispensable, mais on n'y renoncera point volontiers. La part de chaque département serait donc faible, si beaucoup d'entre eux manifestaient le désir de puiser à cette source. La difficulté de créer des ressources nouvelles ou d'affecter là ces projets une partie de la dotation habituelle des chemins vicinaux arrêtera bon nombre d'autres départements. Le plus souvent on n'a pu achever le réseau des chemins vicinaux de grande communication qu'à la condition de laisser d'abord dépérir celles de ces voies qui ont été établies les premières, et l'entretien normal de ces routes si utiles absorbera presque en entier les centimes additionnels consacrés à l'établissement, ou bien ce qui en restera disponible sera considéré comme le plus légitimement attribué à l'interminable réseau des chemins vicinaux ordinaires. Au fond, les chemins de fer vicinaux n'auront jamais à un degré comparable le double caractère d'utilité générale et locale qui a valu à la petite vicinalité le concours de tous les budgets publics. Le département qui entreprend des voies ferrées ne peut guère échapper à ce dilemme : ou bien classer tout de suite un réseau de chemins de fer si étendu qu'on ne peut entrevoir l'époque à laquelle il sera terminé, ou bien entreprendre seulement deux ou trois embranchements très courts qui ne desservent que deux ou trois cantons et n'ont aucun intérêt pour le reste du département. Dans le premier cas, il est impossible de tout faire, et l'on ne sait par où commencer ; dans le second, il y a défaut de concours de la part de la majorité des communes. Avec une somme si considérable, — car il faut toujours compter par millions, — les opposants diront qu'on pourrait doter la contrée de tout ce qui lui manque, créer ou améliorer tous les établissements locaux dont le besoin se fait sentir, distribuer sur la surface entière du pays une foule de petits travaux utiles qui satisferaient tout le monde. N'est-il pas injuste, ajoutera-t-on, d'enfouir la somme entière en un seul arrondissement pour le bénéfice de deux ou trois petits chefs-lieux et de s'exposer à ce que leurs voisins réclament longtemps en vain des travaux plus modestes, mais plus utiles ?

Si les promoteurs des nouveaux chemins triomphent de ces oppositions, ils seront amenés sans doute à conclure que les projets ne peuvent être uniformes pour tous les départements, et doivent varier suivant les ressources financières aussi bien que suivant les conditions topographiques de chaque région. Aux pays riches et de grande industrie, les chemins à large voie, comme en Alsace, avec leurs coûteux travaux et leur service régulier ; aux cantons ruraux, les chemins de fer tout à fait économiques. En chaque cas, le problème à résoudre est de mettre en regard la dépense nécessaire de chaque système de transport et la recette probable de l'exploitation. Par malheur, les devis de travaux publics sont toujours, on le sait, une approximation lointaine de la dépense réelle. Quant à la recette, elle est encore plus sujette à révision. Lorsqu'on aura compté tous les colis qui passent sur une route de terre et supputé le tonnage des produits que chaque commune traversée exporte, sera-t-il prudent d'attribuer tout ce trafic au chemin de fer parallèle à la route et de supposer que toute matière à transporter prendra la voie ferrée au point le plus proche de son parcours ? Faudra-t-il compter parmi les futurs clients de l'entreprise tout individu qui se montre sur la route, à pied ou en voiture ? Non, sans doute ; mais d'autre part le bas prix du transport peut déterminer un accroissement de circulation. Supposons cependant que ces calculs de recettes et de dépenses aient été faits au plus juste, en sorte que l'on connaisse assez bien les bases financières de l'entreprise. On peut affirmer que si le chemin projeté a besoin alors d'une subvention considérable, c'est qu'il est mauvais en principe, et que le projet sera d'autant meilleur et d'autant mieux approprié aux besoins qu'il doit desservir que la subvention gratuite qu'il réclame sera plus faible. En résumé, l'établissement de ces petits chemins d'embranchement doit être le plus souvent une entreprise viable par elle-même, une affaire industrielle rémunératrice des capitaux qu'elle emploie, ou l'œuvre intelligente des propriétaires les plus intéressés se concertant entre eux tant pour établir que pour exploiter une nouvelle voie. C'est ainsi du moins que les chemins d'embranchement ont réussi en Ecosse.

Une cause peut contribuer à obscurcir la question des chemins de fer vicinaux. Plusieurs des railways que l'on projette d'établir d'après les nouvelles combinaisons financières qui ont été indiquées au commencement de ce travail ont une utilité qui s'étend au-delà de la localité qu'ils doivent desservir. Ils méritent à juste titre le concours de l'état et de un ou même de plusieurs départements. Comme voies de transit entre les lignes existantes, ils complètent le réseau et en sont des annexes plutôt que des embranchements. Ils ne peuvent être conçus et exécutés qu'avec le gabarit des anciennes voies. C'est dire que le réseau français, quoiqu'il mesure déjà un développement de 21 000 kilomètres, n'est pas encore tracé tout entier. Certes l'état n'abdique pas en faveur des départements toute participation ultérieure dans la création des chemins de fer, il ne renonce pas à concéder lui-même les lignes qui lui paraîtront satisfaire à un intérêt général ; mais il réservera sans doute son action pour des œuvres d'une utilité bien constatée, et quant au reste, il laissera les autorités locales aux prises avec les difficultés naturelles de l'entreprise, ou il ne les secondera que d'une main avare. Ce sera peut-être un des plus heureux résultats de la nouvelle loi que d'engager les conseils-généraux à substituer des votes effectifs aux vœux stériles et peu compromettants qu'ils émettaient chaque année en faveur de leurs lignes respectives, et d'appeler tous les intéressés, petits ou grands, à peser et mesurer au prix de quels sacrifices on doit acheter le bienfait d'un chemin de fer.

À considérer ce qu'il y a d'imprévu dans les découvertes industrielles de chaque époque, je trouve que c'est une recherche assez futile que d'imaginer à l'avance ce que telle ou telle industrie, celle des transports par exemple, sera dans cinquante ou cent ans d'ici. Est-ce la locomotion sur rails qui doit se développer, et, en s'accommodant à des conditions économiques plus étroites, s'étendre jusqu'aux exploitations rurales ? On s'effraie au premier abord de tout ce qu'un pareil résultat exigerait de dépenses, tant en mouvements de terrain pour niveler la voie qu'en matériel de rails et en travaux accessoires. Faut-il au contraire prévoir que la machine à vapeur s'affranchira de la ligne de fer inflexible qui jusqu'ici a toujours guidé sa marche, et qu'elle courra sur les routes ni plus ni moins qu'une voiture ordinaire ? J'aimerais mieux cette seconde hypothèse, justifiée au surplus par de récentes expériences qui ont assez bien réussi. Déjà les curieux peuvent voir, au milieu même de Paris, de lourds rouleaux à concasser le macadam qu'une machine à vapeur automobile fait marcher avec une vitesse modérée, tantôt en avant, tantôt en arrière ; mais cette machine, lente et pesante par destination, donne au spectateur assez mauvaise idée des qualités de vitesse et d'évolution qu'une locomobile peut avoir. Ailleurs on a fait mieux. On a lancé sur les routes des voitures à voyageurs mues par une machine à vapeur qui peut acquérir une vitesse assez notable, tourner presque sur elle-même, gravir sans obstacle les rampes habituelles de nos voies de communication. L'essai jusqu'à ce jour s'en est fait sur une échelle bien restreinte. Aussi qui peut dire ce qu'il y a d'avenir dans l'application pratique de cette idée ? En présence d'une innovation de ce genre et des conséquences qu'elle aurait en cas de réussite, serait-il sage qu'un département ou une association s'imposât prématurément la lourde charge d'une voie ferrée pour desservir un parcours que le trafic local seul alimentera, et qui n'a ni les besoins ni les exigences d'une ligne importante de communications ?

Ce qui paraît à peu près certain, c'est que la machine à vapeur, locomotive ou locomobile, pénétrera dans les campagnes tôt ou tard ; elle s'arrêtera à la porte des châteaux, desservira les fermes isolées, conduira les paysans au marché. Quand on la connaîtra bien, on s'effraiera moins de ses sifflement que du hennissement des chevaux, et l'on trouvera que les robinets de vapeur sont plus faciles à manœuvrer que les rênes d'une carriole. Les bestiaux eux-mêmes s'habitueront à ces engins bruyants et ne se sauveront plus à leur approche. Les générations qui viendront après nous s'égaieront de nos terreurs puériles en présence de la machine à vapeur et de notre maladresse à la laisser quelquefois éclater. L'accoutumance, a dit le fabuliste, nous rend tout familier. Sans s'abandonner trop longtemps à de vagues suppositions que l'avenir ne manquerait pas de déjouer en quelque point, on peut affirmer que la science ne commande pas à la vapeur de ne paraître que sur les grandes voies de communication terrestres ou maritimes. Il n'y a pas de limite au-delà de laquelle la vapeur doive cesser d'agir ; au contraire il est encourageant de remarquer que les forces mécaniques et artificielles s'adaptent à des usages de plus en plus modestes, et que le champ de leurs applications pratiques s'agrandit chaque jour.

ISBN : 978-1976540899

Henri Blerzy

www.ingramcontent.com/pod-product-compliance
Lightning Source LLC
Chambersburg PA
CBHW050254230526
45470CB00005B/2254